神奇的新能源

地热能与可燃冰

郑永春　主编

中国科学院广州能源研究所　卜宪标　王屹　审定

南宁市金号角文化传播有限责任公司　绘

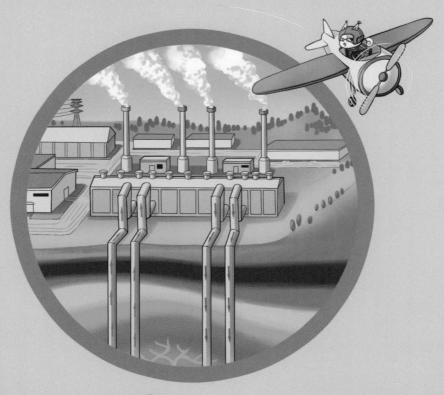

广西教育出版社

南宁

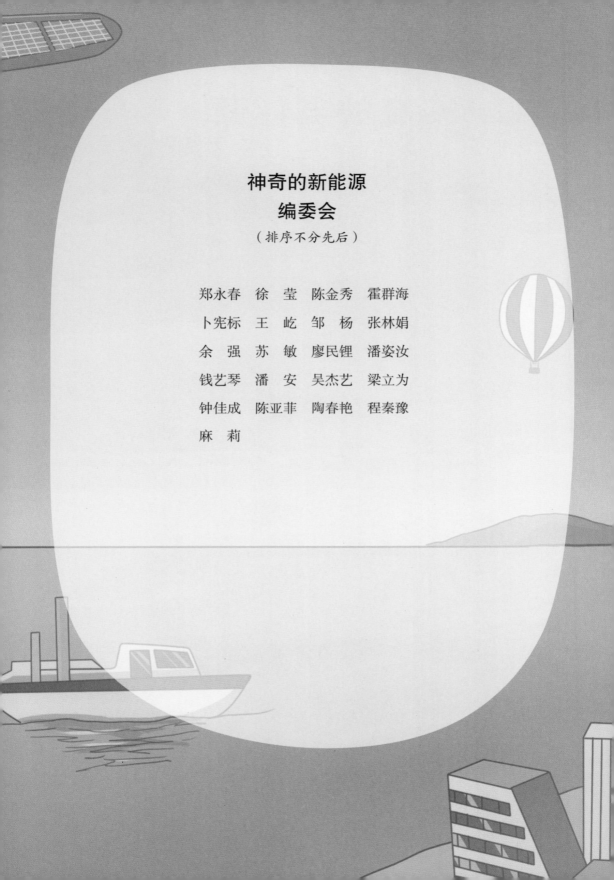

神奇的新能源
编委会
（排序不分先后）

新能源，新希望

——写给孩子们的新能源科普绘本

20世纪六七十年代，"人类终将面临能源危机"的论调十分流行。那时，作为"工业血液"的石油，是人类最主要的能源之一。而石油的形成至少需要两百万年的时间。有科学家预测，在不久的将来，石油会消耗殆尽。然而，半个世纪过去了，当时预测的能源危机并没有到来，这其中，科技进步带来的新能源及传统能源的新发现起到了不可估量的作用。

一、传统能源的新发现。传统能源包括煤、石油和天然气等。随着科技的发展，人们发现，除曾被世界公认为石油产量最高的中东地区外，在南美洲、北极和许多海域的海底均发现了新的大油田。而且，除了油田，有些岩石里面也藏着石油（页岩油）。美国因为页岩油的发现，从石油进口国变成了出口国。与此同时，俄罗斯、中国等国也发现了千亿立方米级的天然气田，天然气已然成为重要的能源之一。

二、新能源的开发。随着科技的发展，人们发现了一些不同于传统能源的新能源。科学家在海底发现了一种可以燃烧的"冰"（天然气水合物），这种保存在深海低温环境下的天然气水合物一旦开采成功，可为人类提供大量的能源。氢是自然界最丰富的元素之一，氢能作为一种清洁能源，有望消除矿物经济所造成的弊端，进而发展一种新的经济体系。核电站利用原子核裂变释放的能量进行发电，清洁高效，可以大大降低碳排放量；但核电站也面临铀矿资源枯竭和核燃料废弃物处理及辐射防护等问题，给社会长远发展带来一定的风险。除已成熟的核裂变发电技术外，人类还在积极开发像太阳那样的核聚变反应技术，绿色无污染的可控核聚变能将为解决人类能源危机提供终极方案。

三、可再生能源的利用。可再生能源包括我们熟悉的太阳能、风能、水能、生物质能、地热能等。一些自然条件比较恶劣的地区，如中国西北的戈壁荒漠地区，往往是风能和太阳能资源丰富的地方，在这些地区进行风力和太阳能发电，有助于发展当地经济、提高人们生活水平。在房子的阳台和屋顶，可以安装太阳能发电装置和太阳能热水器，供家庭使用。大海不仅为人类提供优质的海产品，还蕴藏着丰富的能源：海上的风、海面的波浪、海边的潮汐都可以用来发电。地球上的植物利用太阳光进行光合作用，茁壮生长。每到秋天，森林里会有大量的枯枝落叶，田间地头堆积着大量的秸秆、玉米芯、稻壳等农林废弃物，这些被称为生物质的东西通常会被烧掉，不仅污染空气，还会造成资源的浪费。现在，科学家正在将这些生物质变废为宝，生产酒精、柴油、航空燃油以及诸多化学品等。

四、储能技术与节能减排。除开发新能源和新技术外，能源的高效储存、节能减排和能源的综合利用也一样重要。在现代生活中，计算机等行业已经成为耗能大户。然而，计算机在运行时，大量的能源消耗并没有用于计算，而是变成了热量；与此同时，需要耗电为计算机降温。科学家正在研发新的计算技术，让计算机产生的热量大大减少。我们可以提升房屋的保温性能，以减少采暖和空调用电；可以将白炽灯换为节能灯；也可以将垃圾分类进行回收利用，践行绿色低碳的生活方式。

总之，对于未来能源，我们持乐观态度。这套新能源主题的科普彩绘图书，就是专门写给孩子们的，内容包括太阳能、风能、水能、核能、地热能、可燃冰、生物质能、氢能等。我们希望通过这套图书，告诉孩子们为什么要发展新能源，新能源的开发和利用的现状如何，未来还面临着哪些问题。

希望孩子们学习新能源的科学知识，从小养成节约能源的习惯，为保护地球做出贡献。因为，我们只有一个地球。

郑永春　徐莹

2020 年 10 月

目 录

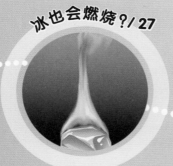

认识地热能

　　地球表面温度宜人，适合人类居住，但是内部温度却极高，就像一个大熔炉。

　　在全球能源日益紧缺的今天，人们设想深入地球内部，获取地热资源。

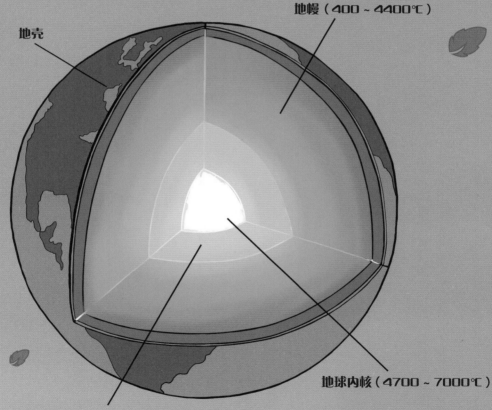

地壳

地幔（400～4400℃）

地球内核（4700～7000℃）

地球外核（3700～5000℃）

扫一扫，初识地热能

1

　　地热能是蕴藏在地球内部的能量，从地壳中传导到地表，或从裂缝中钻出。科学家们经过多次研究和实验，用地球物理探测的方法获得了地球内部的物质和温度信息，证实地球内部像是一个大火炉，从地壳到地核，温度不断升高。

　　地球内部熔融的岩浆和放射性物质的衰变使地球内部温度高达几千摄氏度，产生的热能通过岩石、地下水或裂隙从地壳深部传递到地球表层，并在特定的地质条件下在地球表层汇集，形成热点。热点常与火山、地震活动相伴生。

　　地球内热能的传递规律总是从地温高的区域向地温低的区域流动，所以地热总是从地核或地幔深处向上与地面对流，使深部的地热传导到表面。地球内部的热对流会导致地壳构造运动以及地震和火山活动的发生。

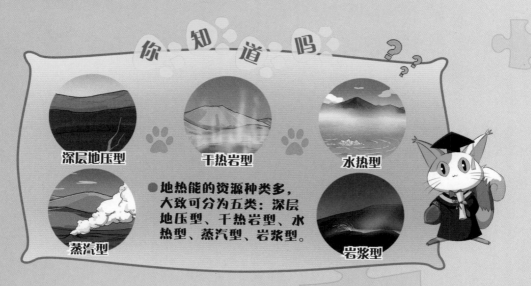

你 知 道 吗 ？？

深层地压型

干热岩型

水热型

蒸汽型

岩浆型

●地热能的资源种类多，大致可分为五类：深层地压型、干热岩型、水热型、蒸汽型、岩浆型。

　　地热主要受板块构造控制。在板块的交接区域范围内，随着板块活动的加强，地震、火山活动不断增加，产生热物质——岩浆。岩浆侵入地壳内形成地壳下地热能源，当它喷出地表形成火山时，就形成了以火山为中心的地壳热点。

　　地热按板块构造特征分为板缘地热带和板内地热带。

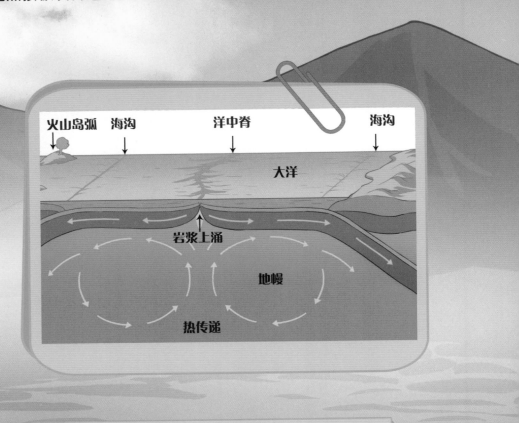

板缘地热带的边缘有近代火山喷发或岩浆侵入，这是高温地热带必备的条件。不同板块的交接区域会形成不同的地貌。

热传递

地下水

板内地热带大多在板块内地壳隆起区和沉降区，一般没有火山喷发和岩浆侵入。它通过地下水循环获取热量，广泛发育为板内低温地带。

● 板块构造是指由于洋底分裂、扩张，板块间的运动和相互作用，形成的全球性板状地质构造。根据板块构造学说，地质学家认为地壳主要由太平洋板块、欧亚板块、印度洋板块、非洲板块、美洲板块和南极洲板块组成。

地热是怎么传到地面的？

　　热能传递的基本方式有三种：热传导、热对流和热辐射。这三种方式的共同特征是热量总是从温度高的区域向温度低的区域流动。

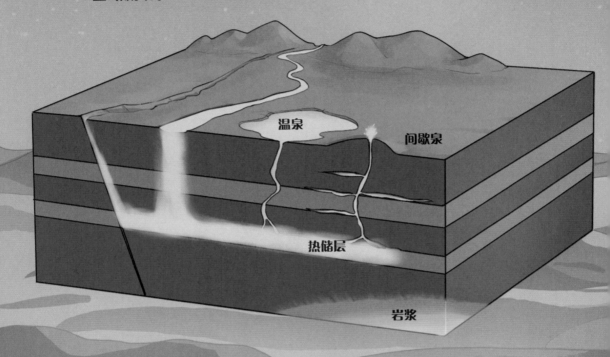

温泉

间歇泉

热储层

岩浆

　　地表水渗入地下，汇入地下水系，地下水流经储热层被加热，热的地下水经地质缝隙上升到地面，就形成了温泉、间歇泉等。

你 知 道 吗

● 热传导是固体中热传递的主要方式。热对流则是液体和气体中热传递的主要方式，且气体的对流现象比液体更明显。热辐射则是通过电磁波来传递能量。

热传导

热对流

热辐射

地热的能量主要来自地球内部，那么地热能是怎样传递到地表的呢？地热能的传递不是杂乱无章的，而是有一定规律的，它受地质构造和岩层控制。

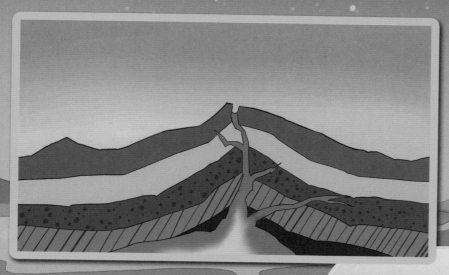

岩浆通过内部压力，将热能从缝隙中释放出来。

热能通过地壳物质传导或渗透到地表。

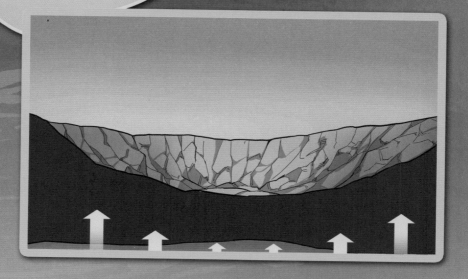

地热有哪些热显示标志？

放热地面是指地温明显高于当地年平均气温和邻近地区地温的地段。放热地面虽无水汽显示，但植被生态存在明显变化。

微温或放热地面

沸泉是地球深部的高温热水通过裂隙喷出地表，其温度可达 80℃以上，一般在火山喷发间歇期出现在火山附近。

沸泉

热矿泉

凡温度高于 25℃的矿泉都可称为热矿泉。热矿泉常将含矿物盐或气体的地热水出露于地表，常见的有硫黄泉、矾泉、盐泉等。

火山是地球内炽热的岩浆通过地裂涌向地表造成的，岩浆温度很高，可达几百甚至上千摄氏度。

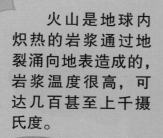

火山

泉华

泉华是指溶解有矿物质和矿物盐的地热水及蒸汽沿构造通道上升到地表时，因温度和压力等条件发生变化形成的化学沉淀物，沉淀物有一些是金属或非金属矿物。

间歇泉

间歇泉是地下热水和蒸汽间断性喷射的水泉。

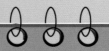

　　小朋友们，我们已经知道了地球内部的热能是如何传输到地球表面，进而为人类利用的，但是相信很多小朋友对这种热传递现象的印象并不深刻，俗话说"眼见为实"，现在我们就动手做个小实验，来体验一下地热从地球内部传递到地球表面的过程吧。

实验材料：透明的大玻璃杯，窄口的小玻璃药瓶，颜料，筷子，自来水，60~80℃的热水。

实验步骤：

　　1. 在家人的协助下，小心地把热水装入小玻璃药瓶中，注意不要装得太满。取适量的颜料倒入热水中，用筷子搅拌直至颜料完全溶解，瓶中的水变得颜色均匀。

　　2. 将透明大玻璃杯装上自来水，注意杯中水的高度要高于小玻璃药瓶的高度，但是也不要装得太满。

　　3. 将装有颜料水的小玻璃药瓶瓶口向上小心地竖直放入大玻璃杯，观察现象，并用学到的知识试着解释一下吧。

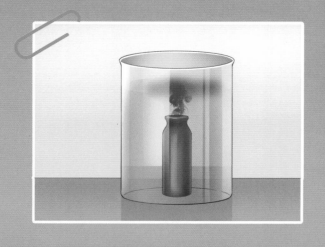

地热资源的应用

地热能是一种清洁能源，可以直接使用，不需要燃烧，不排放二氧化碳，不会造成温室效应，而且全球地热资源丰富，能不断再生，安全性高，对保持和发展优质的生态环境有重要意义。因此，在能源短缺的情况下，地热资源将成为可持续、可再生能源的中流砥柱。

地热资源的类型

综合考虑热流体传输方式、温度范围以及开发利用方式等因素，地热资源可分为浅层地热能、水热型地热能和干热岩型地热能（增强型地热系统）。

浅层地热资源指地表以下 200 米深度范围内具备开发利用价值的温度低于 25℃ 的低温地热资源。

包括浅层岩土体、地下水所包含的热能，也包括地表水所包含的热能。浅层地热能适合采用热泵技术加以利用，不产生二氧化碳、二氧化硫等气体，主要用于城市冬季供暖和夏季制冷。

水热型地热资源，也称常规地热资源，是指较深的地下水或蒸汽中所蕴含的地热资源，是目前地热勘探开发的主体。

主要蕴含在天然出露的温泉和通过人工钻井可直接开采利用的地热流体中。

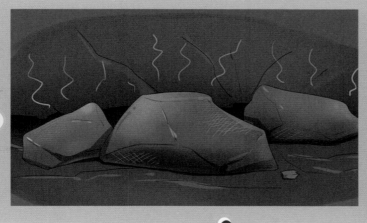

干热岩型地热能又名增强型地热系统，干热岩一般指温度高于200℃，埋深数千米，内部不存在流体或仅有少量地下流体的高温岩体。

较常见的干热岩有黑云母片麻岩、花岗岩、花岗闪长岩等。干热岩开发利用需要人工制造热储，即向注水井高压注入温度较低的水，使高温岩体产生裂缝。注入的水沿裂缝运动并与岩石发生热交换，产生温度高达200~300℃的高温水或水汽混合物，从生产井中开采出来。

地热资源按温度分为高温地热、中温地热和低温地热三类。温度高于 150℃的地热以蒸汽或汽水混合物的形式存在，叫高温地热；90~150℃的地热以水和蒸汽的混合物形式存在，叫中温地热；25~90℃的地热以温水、温热水、热水等形式存在，叫低温地热。

150℃以上的高温地热资源，如高温蒸汽，可用于发电。

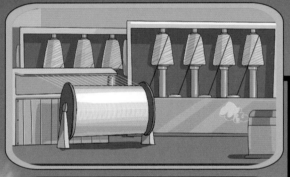

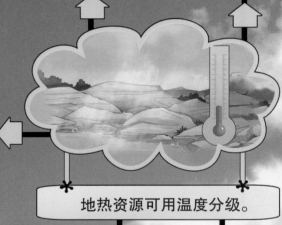

90~150℃的中温地热资源，除可用于发电外，在工业中应用也很广泛，如纺织厂采用地热水能节约软化水费用。

地热资源可用温度分级。

60~90℃的热水可用于供暖。采用地热供暖既能保持室内恒温，又不污染环境。

40~60℃的温热水可用于温泉等，地热水中的矿物质成分可辅助治疗风湿病、关节炎等。

25~40℃的温水可用于农业灌溉或给土壤加温。地热水灌溉农田不仅能使农作物早熟，而且还能增产。

40~60℃的温热水在农业上应用广泛，利用地热温室可种植蔬菜和名贵花卉，提高农业经济效益。

东北地区还采用地热温水进行水产养殖，既可以提高鱼的繁殖和生长能力，又能保证其安全越冬。

地热开发与城市发展

　　我国地热资源主要分布在西藏、云南、广东、河北、北京、天津、黑龙江、辽宁、四川西部、福建和台湾等地。在城市进行发展规划时，人们常将地热资源与城市规划相匹配。

　　地热开发不仅可以节约不可再生的能源，减少环境污染，还可以利用地热培植绿地和花卉，使城市成为"花园城市"。

　　在城市进行发展规划时，将地热资源与经济区、工农业开发区等城市规划相匹配，可提高地热资源利用率，建成现代化的无烟城市，提高城市综合开发价值。

地热能系统不受外界空气温度影响，地下管道中的热转换液体利用土壤温度对地热泵进行加热或冷却，表现为寒冷天气时土壤加热空气，炎热天气时土壤冷却空气。因此开发地热资源可以降低用电量，缓解用电紧张局面。

城市进行发展规划时可广泛应用地源热泵系统进行采暖、制冷，提供生活用水等。现有高科技设备能一机多用，可广泛应用于宾馆、商场、办公楼等大型建筑，节约化石能源，减少大气污染，缓解用水紧缺问题，提高生活质量。

你 知 道 吗

● 世界上地热资源利用较好的国家以欧洲国家居多，如冰岛、德国等；其次是亚洲，如中国、日本和印度尼西亚等；美洲以美国为主；大洋洲以新西兰为主。地热资源主要用于供暖、发电，如冰岛现已有90%的城乡实现地热供暖，2015年美国的地热发电功率达3477兆瓦，位居当时世界第一。

我国地热资源开发利用的主要障碍

在地壳内岩浆活动和年轻的造山运动带上，地球内热在有限的地域富集，并且达到人类开发和利用的程度，这种地热能才构成有价值的地热资源。每年地球内部热能向地表传输的量是很大的，但它的区域范围较小且分散，在目前的技术经济条件下，许多地区仍无法提取和有效利用。

第一，我国地热资源在地域分布上很不均衡，有些省的地热资源分布在比较偏僻之处，交通不便及开发成本大会影响地热资源的开发和利用。

第二，开发地热的技术还不够成熟，比如怎样解决地热尾水排放温度高的问题，如何利用地热水的二次循环等。

第三，地热资源开发的初期投资大、风险大、前期收益小，这是造成地热开发资金转换短缺的主要原因。没有足够的后备资金是很难开发地热资源的。

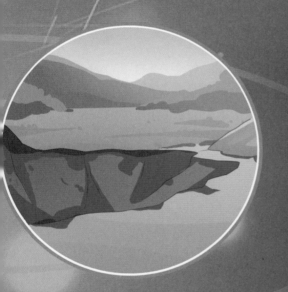

第四，地热虽是绿色能源，但若水量开采过大，也会引起地面沉降或热污染等问题，这都有待我们不断提高技术和研究水平来解决。

第五，地热开采也会带来一些环境及其他问题。一方面，开发地热资源时需要挖地打井或打钻，这有可能破坏自然景观；另一方面，地热水中常含有一些溶解于水的重金属等物质，其中一些带毒性的蒸汽和水对人与环境是有危害的。

来挑战吧

1. 以下不是将地热资源与城市规划相匹配的有利因素的是：

A. 提高城市综合开发的价值

B. 提供能随时随地使用的便携资源

C. 节约不可再生能源

D. 减少环境污染

2. （多选）多少摄氏度的地热资源可进行发电？

A. 40~60℃

B. 60~90℃

C. 90~150℃

D. 150℃以上

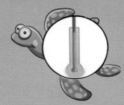

20

地热具有如此广泛的应用，那么人们在实际生产中是如何知道哪里有地热资源的呢？这就需要进行地热勘探了。

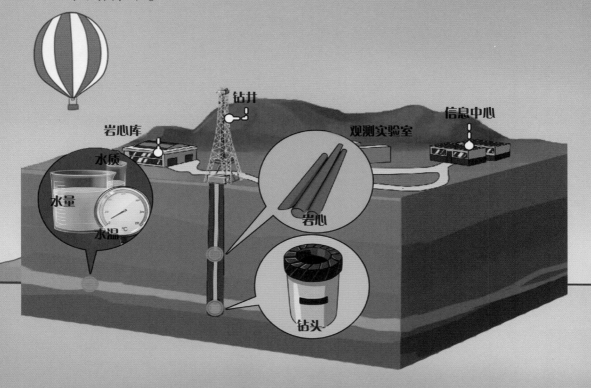

地热勘探是一项比较复杂的工程。地热资源丰富的地区大多数是地震、火山比较活跃的地带，地质构造特别复杂，容易影响对地热资源的正确评价。因此，要正确评价地热资源的开采价值，除了要有地质构造调查资料外，还要有这一地区的地下深部地质构造和水文地质资料，这些都增大了地面勘察工作的难度和风险，还使投资加大。

地面地质调查

地面地质调查是指弄清楚地热田的地质构造背景，如地热点的地层、构造、岩浆岩等，包括地热地面调查、火山活动、含水层的水文地质特征及它们之间的关系。

地球物理探测

地球物理探测是地热勘察中的重要手段，能测得地表下五六千米深或更深的地质数据，判别地壳深部的地热地质特征及属性，补充地面调查对深部了解的不足。人工地震法是其中一种探测方法。

扫一扫，了解
地球物理探测法

钻探勘察

钻探勘察的目的是验证靶区，查实深部构造的岩性及地热田热水埋深、水温、水量、水质等信息，为地热田的开采和应用提供正确的地质资料。

地球化学探查

地球化学探查主要通过样品分析，查实地热水的水质及化学成分（圈定地热水化学异常区），分析地热水中微量元素差异（判别地质构造背景的差异），测定地热水中的稳定同位素和放射性同位素（推测地热流体和储热层的成因、年代等情况）等。

遥感技术探查

遥感可以从高空或外层空间，利用微波、可见光、红外、雷达等经空中摄影或扫描获取地热信息。这个方法视域宽广，获取的信息丰富，能定时、定位观测，还可应用计算机技术进行数据处理。

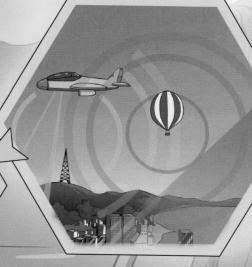

地热开采新技术

进入 21 世纪，地热资源的开采和利用范围都日益扩大。在开采中如何提高地热的开采效率，降低开采成本和节约能源，已成为发展地热的重要问题。要解决这些问题，关键是靠提高开采技术的水平和更多地采用高新科技。

扫一扫，了解
地热开采新技术

地源热泵技术

地源热泵是利用浅层地热资源，既能供热又能制冷的高效节能环保型空调系统。在冬季，它从土壤或天然水中吸热到热泵，由热泵增温后向建筑物供热；在夏季，它从室内吸取热量，释放到大地中。预计到 2022 年，北京市热泵系统累计供热面积将达 8000 万平方米，约占全市供热面积的 8%，届时，每年将可减少燃气、煤炭等化石能源消耗量折合标准煤约 100 万吨，减排二氧化碳约 240 万吨。

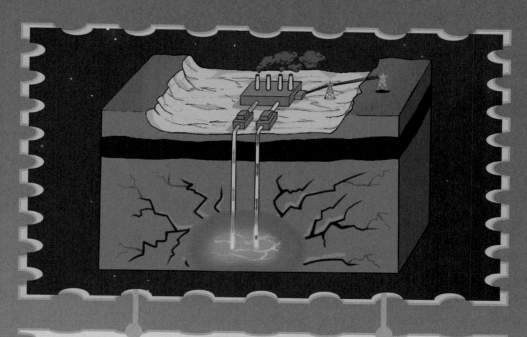

地下火焰钻井

　　地下火焰钻井技术是把高温高压的氧气、乙醇和水，通过管道送入地下燃烧反应堆中融合燃烧，使岩石受热发生破裂，从而取出深部的岩石和热能。

你 知 道 吗

● 地热开发利用对环境的影响

　　地热资源的开发利用对环境的影响主要体现在水质（化学污染）、水温（热污染）和水位（地貌问题）三个方面。

　　①水质问题：一些地热水含重金属和其他有害元素，尾水若不经处理直接排放，会造成污染。

　　②热污染：地热水经利用后温度有所降低，但相对于地表水而言温度仍较高，若直接排放，会打破地表水温度平衡，影响水生生物生长和水体功能。

　　③地貌问题：地下热水若长期只取不补给，易导致地面沉降或塌陷，甚至导致地热资源枯竭。

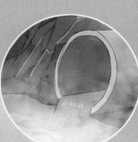

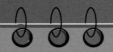

地热水中常常含有一些普通水体中所没有的特殊化学物质，地球化学探查方法就是利用化学手段来判别这些特殊物质，从而发现地热水，进而勘探到地热。那么，怎样用化学方法来识别不同的物质呢？让我们动手试一试，来感受一下化学的魅力吧！

实验材料：红月季花（可用茄子皮代替），研钵（可用碗代替），玻璃杯，酒精，纯净水，纱布，食盐，白醋，食用碱（或小苏打）。

实验步骤：

1. 将数朵红月季花洗净后在研钵中捣成浆，移入玻璃杯中，加入约 2 毫升的酒精浸泡 15 分钟，再加入 13 毫升纯净水，搅拌 10 分钟，用纱布过滤得汁液备用。

2. 将适量食盐和食用碱分别溶解在两个透明玻璃杯中，再取第三个玻璃杯装上适量白醋，记住每个杯子中各装的是什么。

3. 将步骤 1 中制得的花汁液分别滴入三杯无色的液体中，每杯滴入 2~3 滴，观察杯中液体颜色的变化。

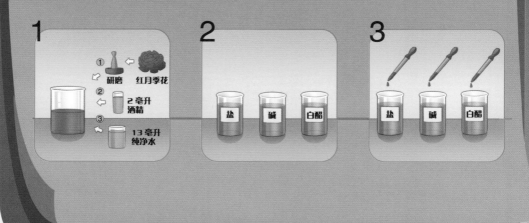

冰也会燃烧？

　　冰与火是不相容的，但在大洋深处和冻土带中，有一种冰却能与火"相容"，而且是当今世界公认的不污染环境的绿色能源，它就是神奇的可燃冰。经研究证实，神奇的可燃冰是天然气水合物，主要成分是甲烷。当今世界石油资源告急，可燃冰的出现和开发给人类带来新的曙光。

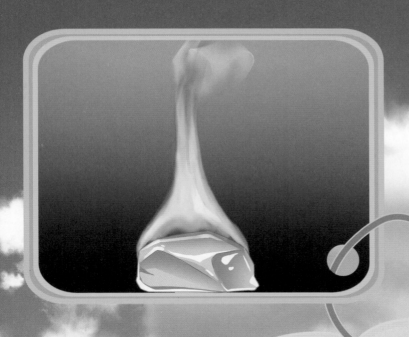

扫一扫，拨开可燃冰的神秘面纱

　　甲烷是无色、无味、可燃、微毒的气体，是可燃冰、天然气、沼气等的主要成分。吸入过量高浓度的甲烷会使人头痛、头晕，呼吸和心跳失调，若不及时救治和远离气源，可致人窒息死亡。

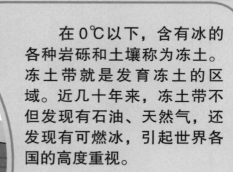

20 世纪 60 年代，苏联首次在西伯利亚永久冻土层发现可燃冰矿藏，并实现首次可燃冰开采，引起了各国科学家的关注。

在 0℃以下，含有冰的各种岩砾和土壤称为冻土。冻土带就是发育冻土的区域。近几十年来，冻土带不但发现有石油、天然气，还发现有可燃冰，引起世界各国的高度重视。

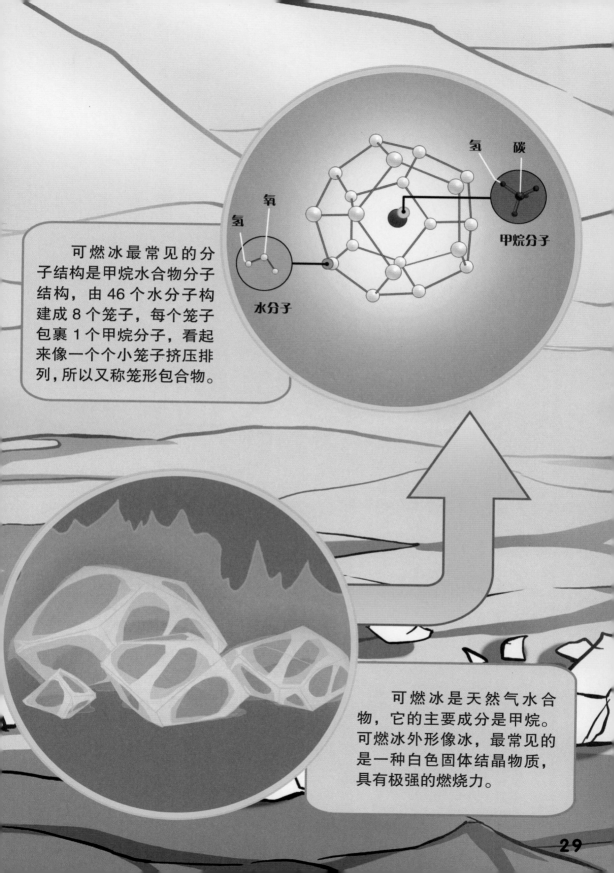

氢 碳

甲烷分子

氧

氢

水分子

可燃冰最常见的分子结构是甲烷水合物分子结构，由 46 个水分子构建成 8 个笼子，每个笼子包裹 1 个甲烷分子，看起来像一个个小笼子挤压排列，所以又称笼形包合物。

可燃冰是天然气水合物，它的主要成分是甲烷。可燃冰外形像冰，最常见的是一种白色固体结晶物质，具有极强的燃烧力。

可燃冰蕴含的能量

可燃冰就像一个天然气的压缩包，它的燃烧能量比在同等条件下的等量石油、天然气、煤的能量都要大。

按照理论推算，1 立方米的可燃冰可放出 164 立方米的甲烷和 0.81 立方米的水。在可燃冰中，甲烷的含量可高达 99%。可燃冰蕴含丰富的有机碳，它的能量巨大，燃烧污染比煤、石油、天然气都小得多，是理想的绿色能源。

你 知 道 吗

● 为什么可燃冰的主要成分是甲烷和水，而不是其他物质呢？原来可燃冰的主要气体来源为生物成因气和热解气，而这两者的主要成分均为甲烷，且含量高达 98% 以上，因此可燃冰的主要成分是甲烷和水，其他物质含量较少。甲烷分子很小，因此可燃冰中的甲烷纯度很高，含量可高达 99%。

可燃冰是怎么形成的?

第一，低温。温度范围在 –10~10℃。

可燃冰的形成必须符合三个基本条件。三个条件缺一，都不可能形成可燃冰。

第二，压力要足够大。压力越大，可燃冰越稳定。当温度在0℃时，压力在30个大气压以上可燃冰才能形成。

第三，充足的气源。不论是在海底还是在陆地下，要有甲烷气源，如石油、天然气等。

1. 等量的下列物质在同等条件下燃烧，哪种物质的燃烧能量最大？

A 煤

B 天然气

C 可燃冰

D 石油

2. 下列哪个选项不属于可燃冰的形成条件？

A. 要有甲烷气源

B. 细菌等生物化学条件

C. 压力在 30 个大气压以上

D. 温度范围在 -10~10℃

棘手的可燃冰

可燃冰能量大、分布广，燃烧产物不污染环境，应用前景十分美好，是21世纪应用前景广阔的绿色新能源。可燃冰开发最大的困难是在温度升高到常温时可燃冰会分解，分解产生的甲烷气体会逸出地表进入大气层，促使全球气候变暖，这是开采可燃冰时最令人头痛和担忧的事。

"躲猫猫" 的可燃冰

扫一扫，看看
如何寻找可燃冰

人工地震法。通常与可燃冰有关的地震波振幅要比其他物质的地震波振幅小，据此可以探测到可燃冰。

可燃冰的分布十分广泛，且埋藏较浅，但其常埋藏在海洋大陆坡或冰冻雪地的永久冻土层中，用常规方法寻找十分困难。

寻找可燃冰的方法

海洋大陆坡

永久冻土层

可燃冰

低频探地雷达技术。探地雷达技术是利用天线发射和接收高频电磁波来探测介质内部物质特性和分布规律的一种探测方法。在可燃冰探测中，采用伪随机编码技术的低频探地雷达，通过反射信号的高频、强振幅特征来识别可燃冰储层。

可燃冰的开采方法

由于可燃冰在常温常压下不稳定，因此目前开采可燃冰的方法主要有四种：热刺激法、减压法、注入剂法和二氧化碳置换法。

热刺激法

减压法

注入剂法

二氧化碳置换法

你 知 道 吗

● 减压法如何实现减压呢？

减压法是一种通过降低压力促使可燃冰分解的开采方法。减压途径主要有：①降低钻井工程中的泥浆密度达到减压目的；②当可燃冰层下方存在游离气或其他流体时，通过泵出游离气或其他流体来降低可燃冰层的压力。

可燃冰是 21 世纪应用前景广阔的绿色能源，由于其燃烧产物对环境的污染比煤、石油等小得多，而且能量大、分布广，因此应用前景十分美好，但可燃冰的开采却存在诸多问题。

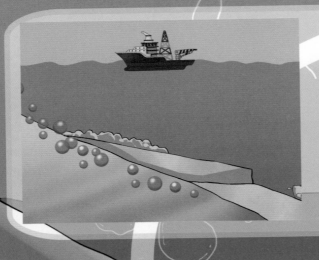

可燃冰以胶结物的形式与海洋中的沉积层共存，开采可燃冰时，获取的可燃冰融化或取出可燃冰时沉积层的稳定性减弱，都可能引起海底滑坡。

海底开采可燃冰，当可燃冰采出后，若洋壳失去稳定和平衡，则在大陆架边缘的一系列断裂带也会动荡起来，易使海底发生地震，导致海啸。

开采可燃冰的危害性

若开采可燃冰不当，大量甲烷泄漏到海水中，将导致海水毒化，以致局部水域严重缺氧，造成大批海洋生物死亡。

开采可燃冰时，如果甲烷气体泄漏，大量的甲烷逃离海水进入大气中，会导致地球温室效应增强。

在开采过程中，因技术不成熟或操作失误导致可燃冰迅速分解，大量的甲烷从开采的井口喷出，甚至由此引发火灾。

我国可燃冰发展简况

对近 200 艘综合调查船进行改造和建造。

2000 年

我国第一艘以海底可燃冰资源调查为主的综合调查船"海洋六号"建成离厂。

2009 年

2012 年

"蛟龙"号载人深潜器创造了下潜 7062 米的中国载人深潜纪录，标志着我国具备了载人到达全球 99% 的广阔海域深处进行作业的能力。

你 知 道 吗

- 自然资源部 2020 年 3 月 26 日宣布，中国海域可燃冰第二轮试采取得成功，在水深 1225 米的南海神狐海域创造了产气总量 86.14 万立方米、日均产气量 2.87 万立方米两项新的世界纪录。

2014 年 2 月，南海天然气水合物（可燃冰）富集规律与开采基础研究通过验收，建立起中国南海可燃冰基础研究系统理论。

2017 年

2013 年

2014 年

2013 年 6 月至 9 月，我国在广东沿海珠江口盆地东部海域首次钻获高纯度可燃冰样品，并通过钻探获得可观的控制储量。

中国首次海域可燃冰试采成功，取得持续产气时间长、产气总量大、气流稳定等多项重大突破性成果。进行本次试采技术作业的是"蓝鲸一号"海上钻井平台。

可燃冰发展路上的障碍

第一，资金需求巨大，企业进入门槛高。可燃冰这类新兴能源型产业的发展技术难度大、投资高、耗时长，前期要投入大量人力、物力、财力，一般企业难以承受。

第二，开采技术尚不成熟。目前的开采技术一种是以"破冰"思路为主，破坏可燃冰的结晶，收集产生的气体，气体的收集和运输就成为重中之重，避免泄漏成为必须面对的问题。另一种思路是将"冰块"整个取出，之后进行可控分解，这需要可燃冰固体开采和运输技术的支持。

第三，环境影响难以预料。同等条件下甲烷气体造成的温室效应是二氧化碳的二十多倍。一旦可燃冰大量开采，在开采过程中势必会排放甲烷气体，届时将加剧全球温室效应，造成极地、海水、地层的温度升高，随之可能造成未开采的可燃冰自动分解，形成恶性循环。

第四，可燃冰前景的不确定性。有观点认为，可燃冰属于非常规天然气的一种，也是一种化石能源，不但开采成本高，容易造成地质灾害，而且不论是开采还是使用，均将大量排放温室气体，加速全球暖化进程，因此，可燃冰有可能面临可再生能源（如太阳能、地热能、水能等）的"排挤"。

你知道吗

● 根据 REN21 发布的《2019 全球可再生能源现状报告》，2018 年全球可再生能源发电量占总发电量的比例已达 26.2%。考虑到成本、安全性等因素，可再生能源的发展足以使可燃冰进入能源市场产生巨大的不确定性。

1.下列各图中寻找可燃冰的方法是什么，请将选项填入括号中。

A. 人工地震法 B. 地球化学法 C. 低频探地雷达技术

（　　）

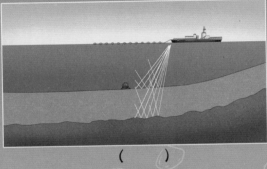

（　　）

2. 可燃冰常埋藏在哪些地方？请将正确选项填入括号中。

A. 大洋中脊 B. 海洋大陆坡 C. 温带平原 D. 永久冻土层

（　　）

（　　）